全国高级技工学校电气自动化设备安装与维修专业教材

直流调速技术习题册

中国劳动社会保障出版社

图书在版编目(CIP)数据

直流调速技术习题册/人力资源和社会保障部教材办公室组织编写. —北京：中国劳动社会保障出版社，2012

全国高级技工学校电气自动化设备安装与维修专业教材

ISBN 978-7-5045-9774-8

Ⅰ. ①直… Ⅱ. ①人… Ⅲ. ①直流调速-技工学校-习题集 Ⅳ. ①TM921.5-44

中国版本图书馆 CIP 数据核字(2012)第 136932 号

中国劳动社会保障出版社出版发行

(北京市惠新东街 1 号 邮政编码:100029)

出 版 人:张梦欣

*

郑州市运通印刷有限公司印刷装订 新华书店经销

787 毫米×1092 毫米 16 开本 3 印张 68 千字

2012 年 7 月第 1 版 2023 年 12 月第 11 次印刷

定价:6.00 元

营销中心电话：400-606-6496

出版社网址：http://www.class.com.cn

http://jg.class.com.cn

目　录

第一章　直流调速系统概述

一、填空题

1. 现代自动控制系统从生产机械要求控制的物理量来看，分为__________、__________、__________、__________等多种类型。

2. 直流电动机稳定运行时，电枢电流大小主要取决于__________。

3. 根据直流电动机转速公式__________可知，直流电动机的调速方法有三种，即__________、__________和__________，其中以__________方式为最好。

4. 直流调速系统用的可控直流电源有__________、__________、__________或__________。

5. 用__________作为驱动电动机的传动方式称为直流调速，用__________作为驱动电动机的传动方式称为交流调速。

6. 调速系统是通过对__________的控制，将______能转换成______能，进而转换为其他形式的能，实现一系列控制。

7. 晶闸管—电动机调速系统按控制方法不同可以分为__________、__________、__________。

8. 根据直流电动机能否实现正反转控制分类，晶闸管—电动机调速系统又可分为__________和__________。

9. 各种电力拖动自动控制系统都是通过控制__________来工作的。

二、选择题

1. 直流电动机的转速 n 与电枢电压 U（　　）。

   A. 成正比　　B. 成反比　　C. 的平方成正比　　D. 的平方成反比

2. 监视电动机运行情况是否正常，最直接、最可靠的方法是看电动机是否出现（　　）。

   A. 电流过大　　B. 转速过低　　C. 电压过高或过低　　D. 温升过高

3. PWM 脉宽调制变换器产生的调宽脉冲的特点是（　　）。

   A. 频率不变，脉宽随控制信号的变化而变化
   B. 频率变化，脉宽由频率发生器产生的脉冲本身决定
   C. 频率不变，脉宽也不变
   D. 频率变化，脉宽随控制信号的变化而变化

4. 直流电动机弱磁升速过程就是指用（　　）的方法使电动机转速升高的调速过程。

   A. 增大电枢电压　B. 增大电枢电阻　C. 增大励磁磁通　　D. 减小励磁磁通

5. 直流电动机调压调速是指在励磁恒定的情况下，用改变（　　）的方法来改变电动机的转速。

   A. 电枢电阻　　B. 电枢电压　　C. 负载　　D. 磁通

6. 旋转变流机组简称为（　　）系统。

A. G—M　　B. AG—M　　C. AG—G—M　　D. CNC—M

7. 与旋转变流机组相比，晶闸管—电动机调速系统的优点是（　　）。

A. 高次谐波丰富　　B. 可逆运行容易实现

C. 控制作用的快速性是毫秒级　　D. 占地面积小，噪声小

8. 要使他励直流电动机反转应选择（　　）的方法来实现。

A. 改变电枢回路电压大小　　B. 电枢回路串外接电阻

C. 励磁回路串外接电阻　　D. 仅改变电枢回路或励磁回路电压极性

9. 晶闸管可逆调速系统的英文缩写为（　　）。

A. PWM—D.　　B. VVVF　　C. SCR—D.　　D. GTR

10. 在晶闸管—直流电动机调速系统中，当负载电流增加时，电枢回路电压降将（　　）。

A. 增加　　B. 减小　　C. 不变　　D. 不确定

11. （　　）常应用于转速精度高、动态响应好的场合。

A. 开环直流调速系统

B. 双闭环直流调速系统

C. 单闭环直流调速系统

D. 旋转变流机组

三、判断题

1. 直流电动机调压调速和弱磁调速都可做到无级调速。（　　）

2. 调节可调直流电源的输出电压时，可以超过直流电动机的额定电压调速。（　　）

3. 增大励磁回路串联电阻时，阻值不能过大，否则励磁过小，容易出现“飞车”事故。（　　）

4. 增加负载操作时，负载不宜过大，否则会出现过电流，使电动机发热，严重时会烧坏电动机。（　　）

5. 可逆直流调速系统常应用于不要求正反转的场合。（　　）

6. 直流电动机弱磁升速的前提条件是恒定电枢电压不变。（　　）

7. 直流电动机调压调速就是在功率恒定的情况下，用改变电枢电压的方法来改变电动机的转速。（　　）

8. 实际中，常把调压调速和弱磁调速结合起来使用，即在额定转速以上，以满磁调压调速。（　　）

四、名词解释

1. V—M 系统

2. G—M 系统

3. PWM 系统

五、简答题

1. 比较直流调速系统、交流调速系统的优缺点，并阐述今后电力传动系统的发展趋势。

2. 直流电动机有哪几种？直流电动机调速的方法有哪些？请从调速性能、应用场合和优缺点等方面进行比较，并指出哪些是有级调速，哪些是无级调速。

3．直流电动机稳定运行时，其电枢电流和转速取决于哪些因素？

4．请列举出几种应用直流调速系统的场合。（不少于四种）

5．画出直流电动机三种调速方式的实验演示电路图，并具体指出如何将直流电动机的转速升高。

6. 为什么他励直流电动机在驱动负载运行中，当励磁回路断线时会出现“飞车”现象？

7. 试比较开环、单闭环和双闭环直流调速系统的性能。

六、计算题

现有一台直流他励电动机，已知 $P_N = 10\ kW$，$U_N = 220\ V$，$I_N = 50\ A$，$n_N = 1\ 500\ r/min$，$R_a = 0.2\ \Omega$，带额定负载时，试计算当电源电压降至 110 V 时的转速 n。

第二章　开环直流调速系统

§2—1　开环直流调速系统的结构及原理

一、填空题

1. 开环控制的特征是________________________，应用场合是____________________。闭环控制与开环控制的主要区别是__________________。

2. 开环系统的晶闸管整流电路中，每个晶闸管两端并联________________，对晶闸管起过压保护作用。

3. 通常采用锯齿波触发电路给三相全控桥的六个晶闸管提供六个相位依次相差60°的________________。

4. 目前应用最为广泛的集成触发器KCZ6集成化六脉冲触发组件常由三块________________、一块________________和一块________________等集成芯片构成。

5. 直流电动机稳速运行时，当负载转矩T_L增大时，直流电动机的转速将__________。

6. 当电流连续时，改变控制角α，V—M系统可以得到一组__________机械特性曲线。

7. 当电动机的电流较小时，由于电流的脉动，可能会出现电流为零的情况，即____________。

8. V—M系统中若采用三相整流电路，为抑制电流脉动，可采用的主要措施是____________。

二、选择题

1. 开环直流调速系统在转速出现偏差时，系统（　　）。

　A. 不能消除偏差　　B. 能完全消除偏差

　C. 能消除偏差的三分之一　　D. 能消除偏差的二分之一

2. 对直流电动机调速系统来说，主要的扰动量是（　　）。

　A. 电网电压的波动　　B. 负载阻力转矩的变化

　C. 元件参数随温度变化　　D. 给定量发生变化

3. 电动机处于平衡状态时，其电枢电流的大小主要取决于（　　）。

　A. 机械负载　　B. 电枢电压和电枢内阻

　C. 励磁磁通　　D. 机械摩擦

4. 与开环控制相比较，闭环控制的特征是系统有（　　）。

　A. 执行元件　　B. 控制器　　C. 放大元件　　D. 反馈环节

5. 双窄脉冲的脉宽在（　　）左右，在触发某一晶闸管的同时，再给前一晶闸管补发一个脉冲，作用与宽脉冲一样。

A. 120°　　B. 90°　　C. 60°　　D. 18°

6. (　　) 控制系统适用于精度要求不高的控制系统。

A. 闭环　　B. 半闭环　　C. 双闭环　　D. 开环

7. (　　) 六路双脉冲形成器是三相全控桥式触发电路的必备组件。

A. KC41C　　B. KC42　　C. KC04　　D. KC39

8. 利用继电保护电路限定系统断电的正确顺序是 (　　)。

A. 先给主电路断电，再给控制电路断电

B. 先给控制电路断电，再给主电路断电

C. 同时给控制电路和主电路通电

D. 先给控制电路通电，再给主电路通电

9. 开环直流调速系统中，当系统负载增大后，转速降也增大，主电路电流将 (　　)。

A. 增大　　B. 减小　　C. 不变　　D. 无法确定

10. 触发脉冲可采取宽脉冲触发与双窄脉冲触发两种方法，目前采用较多的是 (　　) 触发方法。

A. 双窄脉冲　　B. 宽脉冲

11. 晶闸管整流电路中，当晶闸管的控制角减小时，其输出电压平均值 (　　)。

A. 减小　　B. 增大　　C. 不变　　D. 不确定

12. 在晶闸管—直流电动机调速系统中，当电动机轻载或空载运行时，电枢回路电压降将 (　　)。

A. 增加　　B. 减小　　C. 不变　　D. 不确定

三、判断题

1. 开环系统正确的通电顺序为先给控制电路通电，再给主电路通电。(　　)

2. 直流电动机本身不是一个反馈系统。(　　)

3. 直流电动机的电枢供电电压越大，理想空载转速越低。(　　)

4. 晶闸管可控整流电路中，通过改变控制角 α 的大小，可以控制输出整流电压的大小。(　　)

5. 只有给定元件、执行元件等环节而没有比较环节和反馈环节的控制系统，称为开环控制系统。(　　)

6. 开环调速系统对于负载变化引起的转速变化不能自我调节，但对其他外界扰动是能自我调节的。(　　)

7. 在开环控制系统中，由于对系统的输出量没有任何闭合回路，因此，系统的输出量对系统的控制作用没有直接影响。(　　)

8. 开环调速系统的机械特性越硬，特性曲线斜率越小，系统的性能越好。(　　)

四、名词解释

1. 开环控制系统

2. 闭环控制系统

五、简答题

1. 开环直流调速系统中，在直流电动机励磁不变的情况下，增加给定电压的大小，电动机的转速将如何变化？为什么？

2. 当给定电压不变时，减小电动机所带负载，电动机的转速将如何变化？说明其变化过程。

3. 开环直流调速系统中，为什么要在可控整流电路输出端给电动机串联一个电感（电抗器）？它是如何起作用的？

4．如果他励直流电动机先加给定电压，后给励磁，会发生什么危险？

六、读图分析

1．开环调速系统的组成结构原理图如图 2—1 所示，请在对应位置写上各组成部分的名称。若给定信号极性为负，该开环直流调速系统还能否正常工作？为什么？

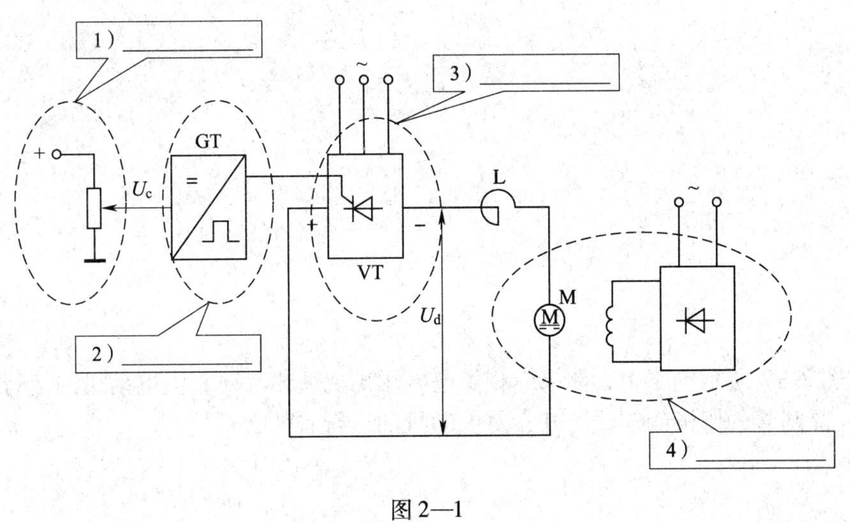

图 2—1

2．在图 2—2 所示电路中，画出每个晶闸管的短路保护、阻容吸收保护电路以及整流输出直流侧的过压保护电路。

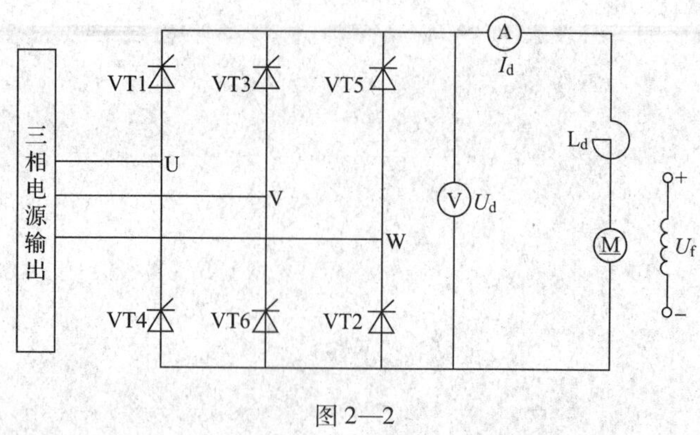

图 2—2

3．在图 2—2 所示电路中，如果三相供电电源出现缺相，对直流电动机的运行有什么影响？若某一晶闸管的阳极的连线断开，对电动机的运行有什么影响？

§2—2　开环直流调速系统的稳态性能分析

一、填空题

1. 通常情况下，用__________、__________、__________来描述一个系统性能的优劣。

2. 通常用稳态误差 e_{ss} 描述系统的稳态精度。当 $e_{ss} \neq 0$ 时，称为____________；当 $e_{ss}=0$ 时，称为____________。

3. 电气控制系统的调速性能指标可概括为__________指标和__________指标。

4. 调速系统的稳态性能指标包括__________和__________，它们的表达式分别为__________和__________，它们之间的关系式为__________。

5. 某直流调速系统电动机的额定转速 $n_N = 1\ 430$ r/min，额定速降为 115 r/min，要求静差率 $s \leqslant 30\%$，则系统允许的最大调速范围为__________。

二、选择题

1. 自动控制系统能够正常运行的首要前提条件是（　　）。

A. 抗扰性　　B. 稳定性　　C. 快速性　　D. 准确性

2. 下列各情况中，（　　）表明自动控制系统的快速性好。

A. 调整时间 t_s 小　　B. 调整时间 t_s 大

C. 稳态误差 e_{ss} 大　　D. 稳态误差 e_{ss} 小

3. 静差率和机械特性的硬度有关，当理想空载转速一定时，特性越硬，静差率（　　）。

A. 越小　　B. 越大　　C. 不变　　D. 不确定

4. 下面关于开环控制系统的叙述，正确的是（　　）。

A. 需用反馈元件组成反馈环节　　B. 多数采用负反馈

C. 应用于转速精度要求较高的场合　　D. 不存在稳定性问题

5. 某直流调速系统的调速范围为 150 ~ 1 500 r/min，要求静差率为 0.02，此时该系统的静态转速降是（　　）r/min。

A. 3　　B. 5　　C. 10　　D. 30

6. 某直流调速系统最高理想转速为 1 450 r/min，最低理想空载转速为 250 r/min，额定负载静态速降为 50 r/min，则该系统调速范围为（　　）。

A. 5　　B. 6　　C. 7　　D. 8

7. 某调速系统的最高理想空载转速为 1 600 r/min，额定负载的转速降为 100 r/min，系统的调速范围为 3，则该系统的最低理想空载转速为（　　）r/min。

A. 400　　B. 500　　C. 600　　D. 700

8. 某直流调速系统额定最高转速为 1 450 r/min，该系统调速范围为 10，静差率为 0.1，则额定负载时的转速降为（　　）r/min。

A. 8　　B. 13　　C. 16　　D. 20

9. 系统的静态速降 Δn_N 一定时，静差率 s 越小，则（　　）。

A. 调速范围 D 越小　　B. 额定转速 n_N 越大

C. 调速范围 D 越大　　　　　　　　D. 额定转速 n_N 越小

三、判断题

1. 准确性是判别一个自动控制系统能否实际应用的前提条件。 ( )

2. 调速系统的静差率指标应以最低速时所能达到的数值为准。 ( )

3. 系统的稳定性分析一般只针对闭环系统，开环系统一般不存在稳定性的问题。 ( )

4. 一般自动控制系统希望输出量偏差大，准确度高。 ( )

5. 调速系统的静差率和调速范围指标是互相制约的。 ( )

6. 静差率是用来表示转速的相对稳定性的。 ( )

7. 自动调速系统的静差率和机械特性这两个概念没有区别，都是用系统转速降和理想空载转速的比值来定义的。 ( )

8. 调速系统的调速范围是指电动机在理想空载条件下，其能达到的最高转速与最低转速之比。 ( )

9. 电动机在低速情况下运行不稳定的原因是主回路压降所占百分比太大，负载稍微变化，对转速的影响就较大。 ( )

10. 调速系统的调速范围，实际是指在最高速时还能满足所需静差率的转速可调范围。 ( )

11. 在进行开环直流调速系统主电路接线时，若将与直流电动机电枢接线端子相连的两根线对调，直流电动机的转向将发生变化。 ( )

12. 在直流调速柜上进行开环调速系统控制电路的接线时，需将调节板的短路片接到闭环位置（B 端）。 ( )

13. 在改变调速系统接线时，不必断开电源，直接操作即可。 ( )

四、名词解释

1. 调速范围

2. 静差率

五、简答题

1．调速系统转速控制的要求主要有哪几个方面？

2．调速范围、静差率和额定转速降之间有什么关系？为什么说“脱离了调速范围，要满足给定的静差率也就容易得多了”？

3．反映系统快速性常用的动态性能指标有哪些？

4．简述晶闸管开环直流调速系统进行系统调试时的调试顺序。

5．在开环直流调速系统中，如果三相全控桥中有一只晶闸管的触发脉冲突然丢失，将会出现什么现象？

6．直流调速柜继电控制电路的电路原理图如图 2—3 所示，请说明继电控制电路启动和停止操作的工作过程。并分析：

（1）KM1 的常开辅助触点与 QS1 并联有什么作用？

（2）KM2 的常开辅助触点与 KM1 线圈串联有什么作用？

（3）KA 控制接通 ±15 V 电压有何作用？为什么串联一个 KI1 常开辅助触点？

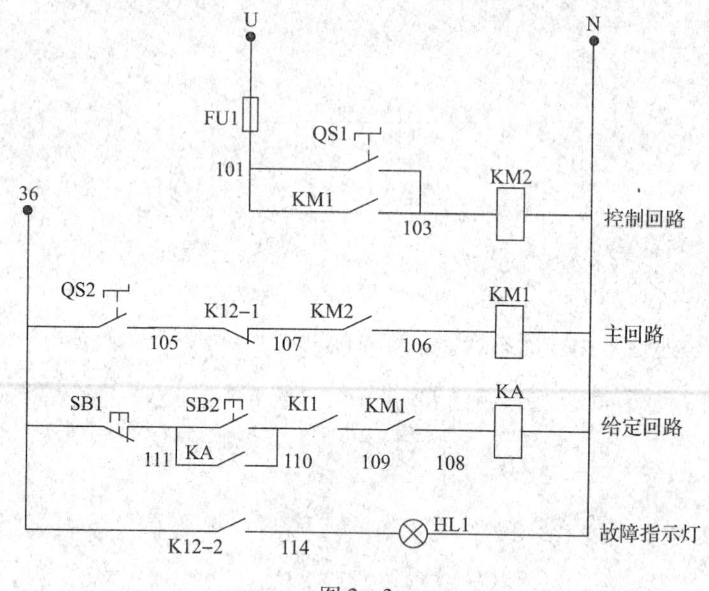

图 2—3

7. 图 2—4 所示为直流调速柜控制电路电源板电路原理图，试分析：

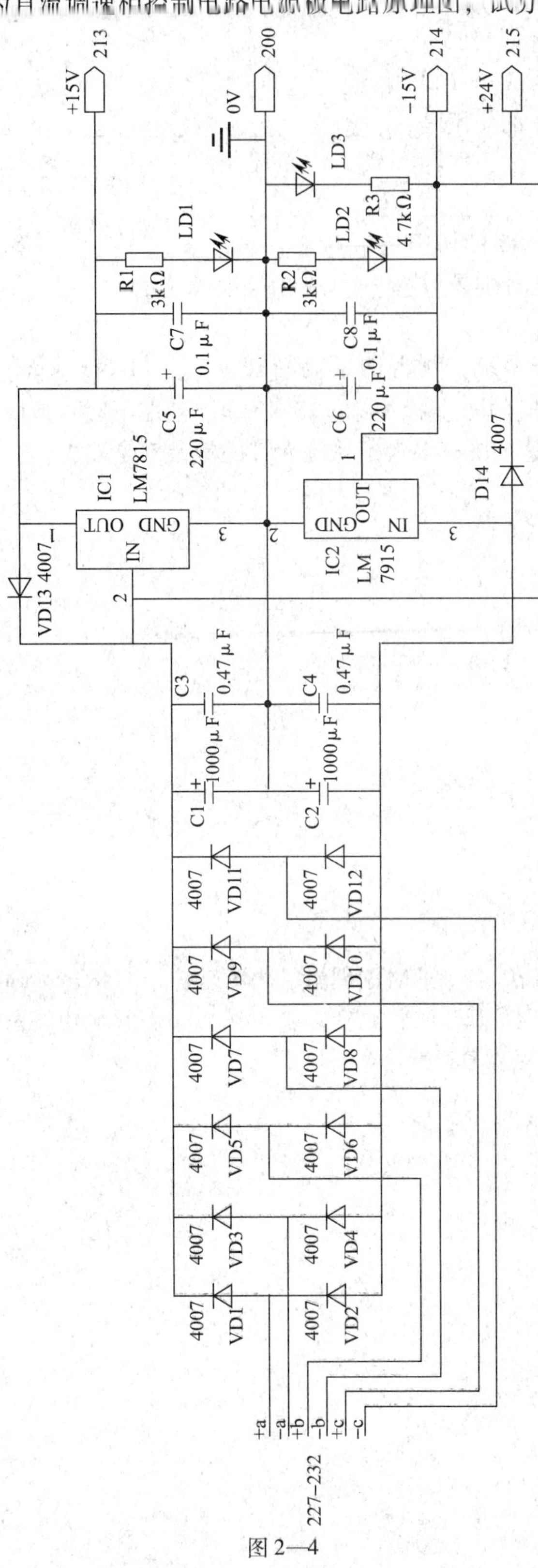

图 2—4

（1）三端集成稳压器 LM7815 和 LM7915 的正常工作输出电压分别是____________和____________。

（2）二极管 VD13、VD14 的作用是________________________________。

（3）电容器 C1、C2 的作用是__________________________，电容器 C3、C4 的作用是______________________，电容器 C5、C6 的作用是___________________________，电容器 C7、C8 的作用是___________________________。

（4）电阻 R1、R2、R3 的作用是_______________________，发光二极管 LD1、LD2、LD3 所指示的电源电压值分别是__________、__________、__________。

六、计算题

1. 现有一直流调速系统，测得的最高转速 $n_{0\,max}$ = 1 500 r/min，最低转速 $n_{0\,min}$ = 150 r/min，带额定负载时的转速降 Δn_N = 15 r/min，且在不同转速下额定速降 Δn_N 不变，试问系统能够达到的调速范围有多大？系统允许的静差率是多少？

2. 有一直流调速系统，其高速时的理想空载转速 n_{01} = 1 480 r/min，低速时的理想空载转速 n_{02} = 157 r/min，额定负载时的转速降 Δn_N = 10 r/min。试画出该系统的静特性（即电动机的机械特性），求出调速范围和静差率。

3. 某直流调速系统的电动机额定转速 $n_N = 1\ 430$ r/min，额定速降 $\Delta n_N = 115$ r/min，当要求静差率 $s \leqslant 30\%$ 时，调速范围允许为多大？如果要求静差率 $s \leqslant 20\%$，则最低运行速度及调速范围分别是多少？

4. 有一个 V—M 直流调速系统，其电动机的参数为 $P_N = 10$ kW，$U_N = 220$ V，$I_N = 55$ A，$n_N = 1\ 000$ r/min，电枢电阻 $R_a = 0.1\ \Omega$。若采用开环调速系统，只考虑电枢电阻引起的转速降，试求：

（1）当静差率 $s = 0.1$ 时，系统的调速范围 D。

（2）当调速范围 $D = 2$ 时，其允许的静差率 s。

（3）当调速范围 $D = 10$，静差率 $s = 0.05$ 时，允许的转速降。

第三章　单闭环直流调速系统

§3—1　转速负反馈单闭环直流调速系统

一、填空题

1．系统为了稳定输出，通常引入__________反馈，即给定输入信号与反馈信号的极性__________。

2．单闭环系统是在开环系统的基础上增加了__________和__________两个部分。

3．比例调节器的输出电压与输入电压成__________，极性__________，增大反馈电阻 R_1 的阻值，比例放大系数变__________。

4．如图 3—1 所示为__________调节器，若 $R_0=10\ \text{k}\Omega$，$R_1=100\ \text{k}\Omega$，$U_g=-4.2\ \text{V}$，$U_{fn}=4\ \text{V}$，则输出电压 $U_c=$__________。

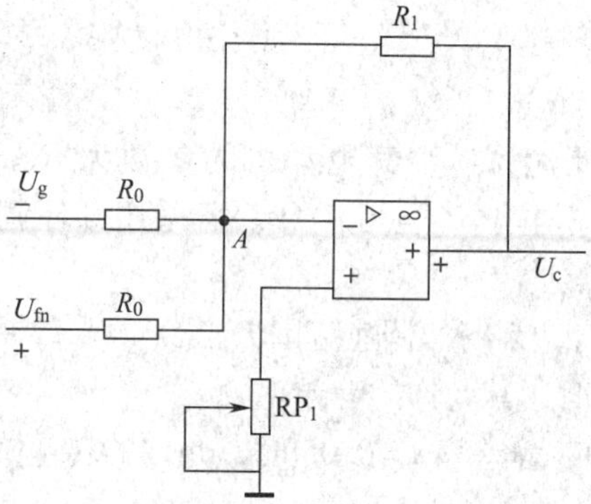

图 3—1

5．当负载发生波动时，经转速负反馈调整稳定后的转速将__________原来的转速。

6．增加转速负反馈后，闭环调速系统的转速减小为开环时的__________倍，静差率减小为开环时的__________倍，调速范围增大为开环时的__________倍，要获得以上三项优势，闭环系统必须设置________________。

7．单闭环机械特性曲线比开环机械特性曲线下倾角度________，当负载发生变化时，转速波动相比开环时________得多，说明转速负反馈起作用。

二、选择题

1．转速负反馈调速系统在稳定运行过程中，转速反馈线突然断开，电动机的转速会（　　）。

A．升高　　B．降低　　C．不变　　D．不确定

2．在转速负反馈调速系统中，当开环放大倍数 K 增大时，转速降落 Δn 将（　　）。

A. 不变　　B. 不确定　　C. 增大　　D. 减小

3. 在转速负反馈单闭环直流调速系统中，当负载变化时，电动机的转速也跟着变化，其原因是（　　）。

A. 整流电压的变化　　B. 电枢回路电压降的变化

C. 控制角的变化　　D. 温度的变化

4. 当晶闸管直流电动机有静差调速系统稳定运行时，速度反馈电压的数值（　　）速度给定电压。

A. 小于　　B. 大于　　C. 等于　　D. 不确定

5. 在调试晶闸管直流电动机转速负反馈调速系统时，若把转速反馈信号减小，这时直流电动机的转速将（　　）。

A. 降低　　B. 升高

C. 不变　　D. 不确定

6. 晶闸管调速系统中，反馈检测元件的精度对自动控制系统的精度（　　）。

A. 有影响但被闭环系统完全补偿了　　B. 有影响，但无法补偿

C. 有影响但被闭环系统部分补偿了　　D. 无影响

7. 转速负反馈单闭环直流调速系统中，当 U_g 减小时，直流电动机转速 n 的变化为（　　）。

A. 减小　　B. 增大

C. 不变　　D. 不确定

8. 本节介绍的转速负反馈单闭环直流调速系统中，转速检测环节采用（　　）。

A. 直流测速发电机　　B. 交流测速发电机

C. 旋转编码器　　D. 速度调节器

9. 在转速负反馈直流调速系统中，闭环系统的转速降减为开环系统转速降的（　　）倍。

A. $1+K$　　B. $1+2K$　　C. $1/(1+2K)$　　D. $1/(1+K)$

10. 在转速负反馈直流调速系统中，若要使开环和闭环系统的理想空载转速相同，则闭环时的给定电压要比开环时的给定电压相应提高（　　）倍。

A. $2+K$　　B. $1+K$　　C. $1/(2+K)$　　D. $1/(1+K)$

11. 转速负反馈调速系统对检测反馈元件和给定电压造成的转速降（　　）补偿能力。

A. 没有　　B. 有

C. 对前者有补偿能力，对后者无　　D. 对前者无补偿能力，对后者有

12. 下面有关闭环控制系统的说法，正确的是（　　）。

A. 闭环控制系统需用反馈元件组成反馈环节

B. 系统采用正反馈，可自动进行调节补偿

C. 其结构比开环控制系统简单

D. 其不能自动修正干扰产生的误差

三、判断题

1. 转速负反馈调速系统中，转速反馈电压的极性总是与转速给定电压的极性相反。（　　）

2. 采用了转速负反馈的闭环调速系统的转速降比开环系统转速降提高了 $1+K$ 倍。（ ）

3. 自控系统开环放大倍数越大越好。（ ）

4. 在有静差调速系统中，扰动对输出量的影响只能得到部分的补偿。（ ）

5. 转速负反馈调速系统中，允许测速发电机的额定转速小于电动机的额定转速。（ ）

6. 由于比例调节器是依靠输入偏差进行调节的，因此，比例调节系统必定存在偏差。（ ）

7. 转速负反馈调速系统能够有效抑制被包围在负反馈环内的一切扰动作用。（ ）

8. 调速系统的静态速降是由电枢回路电阻压降引起的，转速负反馈之所以能提高系统硬度特性，是因为它减少了电枢回路电阻引起的转速降。（ ）

9. 闭环调速系统采用负反馈控制是为了提高系统的机械特性硬度，扩大调速范围。（ ）

10. 反馈按照作用可分为正反馈和负反馈两大类，放大器一般采用正反馈，振荡器一般采用负反馈。（ ）

11. 闭环控制使系统的稳定性变差，甚至造成系统不稳定。（ ）

四、简答题

1. 闭环系统与开环系统相比具有哪些优点？

2. 转速负反馈单闭环直流调速系统是一种最基本的反馈控制系统，你能说出其具有哪些基本特征吗？

3. 晶闸管供电的单闭环调速系统中，如果反馈信号断线会产生怎样的后果？为什么？

4. 闭环调速系统能抑制系统中由哪些原因引起的误差？

5. 转速单闭环调速系统有哪些特点？改变给定电压能否改变电动机的转速？为什么？如果给定电压不变，调节测速反馈电压的分压比是否能够改变转速？为什么？

6. 在转速负反馈调速系统中，当电网电压、负载转矩、电动机励磁电流、电枢电阻、测速发电机励磁各量发生变化时，都会引起转速的变化，转速负反馈调速系统对上述各量有无调节能力？为什么？

7. 转速负反馈直流调速系统中，如果测速发电机励磁电压不稳定会产生怎样的影响？

8. 转速负反馈直流调速系统中，如果负反馈极性接反了会产生怎样的后果？为什么？

9．速度调节器的输出限幅值的大小对电动机的转速有影响吗？为什么？

五、绘图题

1．绘出由晶闸管供电的他励直流电动机带测速发电机的单闭环有静差调速系统原理图，试分析：

（1）当负载转矩减小时，单闭环调速系统的自动调节过程。

（2）若电网电压波动（设电压降低），开环系统会产生什么后果？若增加转速负反馈环节，试写出其自动调节过程。

2. 如图 3—2 所示为转速负反馈调速原理图，请将反馈电压与给定电压按正确极性连接，并标出正负极性。

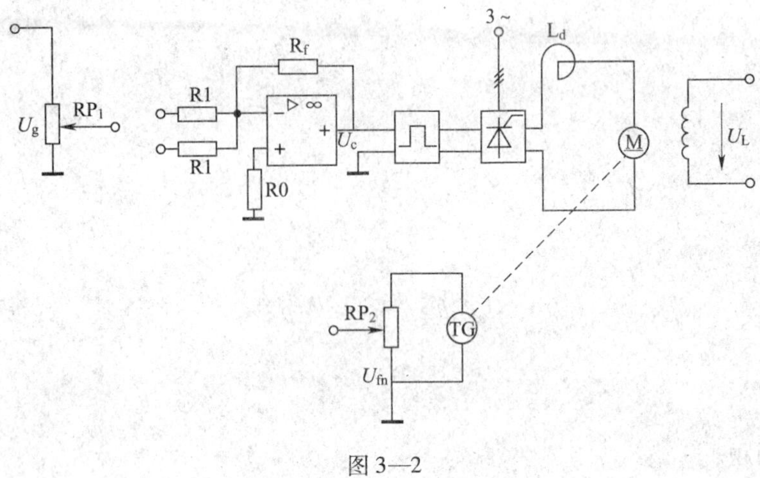

图 3—2

六、计算题

现有一 V—M 调速系统，已知其电动机参数为 $P_N=2.2$ kW，$U_N=220$ V，$I_N=12.5$ A，$n_N=1\,500$ r/min，电枢电阻 $R_a=1.2\ \Omega$，整流装置内阻 $R_{rec}=1.5\ \Omega$，触发整流环节的放大倍数 $K_s=35$。要求系统满足调速范围 $D=20$，静差率 $s\leqslant 10\%$。试求：

1. 计算开环系统的静态速降 Δn_{op} 和调速要求所允许的闭环静态速降 Δn_{cl}。

2. 若采用转速负反馈组成闭环系统，试画出系统的静态结构图。

3. 调整该系统参数，使当 $U_g=15$ V 时，$I_d=I_N$，$n=n_N$，则转速反馈系统 α 应该是多少？

4. 计算放大器所需的放大倍数。

§3—2 转速负反馈单闭环无静差直流调速系统

一、填空题

1. 在单闭环直流调速系统中，如采用比例调节器，则构成________________；如采用比例积分调节器，则构成________________。

2. 积分调节器的输出电压 U_o 与________________________成正比，且极性__________。

3. PI 调节器的输出电压由________________和________________两部分叠加而成，对输入电压先进行______________，再进行______________，输入电压和输出电压极性____________。

4. 转速负反馈单闭环无静差直流调速系统中，增大给定电压，直流电动机的转速将____________。

5. 转速负反馈单闭环无静差直流调速系统中，保持给定电压不变，当电动机所接负载变大时，直流电动机的转速将______________。

6. 采用比例积分调节器组成的无静差调速系统，当负载突然变化后，调节器要进行调节。在调节过程的初、中期，____________________起主要作用；在调节过程的后期，____________________起主要作用，并依靠它消除____________________。

二、选择题

1. 转速无静差闭环调速系统中，转速调节器一般采用（　　）调节器。

A. 比例　　B. 积分　　C. 比例积分　　D. 比例微分

2. 对于积分调节器，当输入量为零时，输出量为（　　）。

A. 零　　B. 负值　　C. 稳态值　　D. 不能确定

3. 晶闸管供电的直流调速系统中，PI 调节器中的电容元件发生短路就会出现（　　）。

A. 停止运行　　B. 超速运行　　C. 无法调速　　D. 调速性能下降

4. 假设 PI 调节器原有输出电压为 U_0，在这个初始条件下，如果调节器输入信号电压为 0，则此时的调节器的输出电压为（　　）。

A. U_0　　B. 大于 U_0　　C. 小于 U_0　　D. 0

5. 积分调节器输入信号为零时，其输出电压为（　　）。

A. 0　　B. 大于 0　　C. 小于 0　　D. 不变

6. 某物理量负反馈的作用是使该物理量保持（　　）。

A. 加速　　B. 增强　　C. 衰减　　D. 稳定

7. 在转速负反馈直流调速系统中，放大器的输入信号 ΔU、触发器控制角 α 及整流器输出电压 U_d 三者之间的正确变化关系为（　　）。

A. $\Delta U\downarrow\rightarrow\alpha\uparrow\rightarrow U_d\downarrow$　　B. $\Delta U\uparrow\rightarrow\alpha\downarrow\rightarrow U_d\downarrow$

C. $\Delta U\downarrow\rightarrow\alpha\uparrow\rightarrow U_d\uparrow$　　D. $\Delta U\uparrow\rightarrow\alpha\uparrow\rightarrow U_d\uparrow$

8. 调试由晶闸管供电的转速负反馈调速系统时，若把转速反馈元件的反馈系数减小，这时直流电动机的转速将（　　）。

A. 不变　　B. 升高　　C. 降低　　D. 不确定

9. 自动调速系统中，当负载增加引起转速下降时，可通过负反馈环节的调节作用使转速有所回升。系统调节前后，电动机的电枢电压将（　　）。

A. 减小　　B. 增大　　C. 不变　　D. 无法确定

10. 在转速负反馈的直流调速系统中，给定电阻 R_g 增加后，给定电压 U_g 增大，则（　　）。

A. 电动机转速下降　　B. 电动机转速不变

C. 电动机转速上升　　D. 给定电阻 R_g 的变化不影响电动机的转速

11. 在由晶闸管供电的直流电动机转速负反馈调速系统中，当负载电流增加后，晶闸管整流器输出电压将（　　）。

A. 增加　　B. 减小　　C. 不变　　D. 不确定

12. 下面关于有静差调速和无静差调速的叙述中，不正确的是（　　）。

A. 有静差调速的目的是消除偏差 ΔU

B. 无静差调速的目的是消除偏差 ΔU

C. 有静差调速的过程中始终有偏差 ΔU 存在

D. 有静差调速的目的是减小偏差 ΔU

13. 当负载增大时，PI 调节器起调节作用，电动机的转速（　　）。

A. 先减小后增加，基本保持不变　　B. 先减小后增加，仍有所下降

C. 升高　　D. 不确定

三、判断题

1. 无静差调速系统采用比例积分调节器，在实际工作中系统静差始终为零。（　　）

2. 积分调节能够消除静差，而且调节速度快。（　　）

3. 比例积分调节器的比例调节作用可以使系统动态响应速度较快，而其积分调节作用又使得系统基本上实现无静差。（　　）

4. 有静差调速系统是依靠偏差进行调节的，而无静差调速系统则是依靠偏差对作用时间的积累进行调节的。（　　）

5. 调速系统中采用比例积分调节器，兼顾了实现无静差和快速性的要求，解决了静态和动态对放大倍数要求的矛盾。（　　）

6. 无静差调速系统比有静差调速系统的调速精度高。（　　）

7. 电动机在低速情况下运行不稳定的原因是主回路压降所占百分比太大，负载稍微变化，对转速的影响就较大。（　　）

8. 转速负反馈调速系统的动态特性取决于系统的闭环放大倍数。（　　）

四、简答题

1. 当 PI 调节器输入电压信号为零时，它的输出电压是否为零？为什么？

2. 为什么积分调速器在调速系统中能消除系统的静态偏差？在系统稳定运行时，积分调节器输入偏差电压 $\Delta U=0$，其输出电压取决于什么？为什么？

3. 在转速负反馈单闭环无静差直流调速系统中，转速的稳态精度是否还受给定电源和测速发电机精度的影响？试说明理由。

4. 有静差和无静差调速系统的区别是什么？

5. 单闭环无静差直流调速系统的调试原则是什么？

6. 发生下列情况，无静差直流调速系统是否会产生偏差？为什么？

（1）给定电压由于稳压电源性能不好而不稳定。

（2）运放器产生零漂。

（3）测速发电机电压与转速不是线性关系。

（4）反馈电容间有漏电电流。

五、绘图题

试绘出由晶闸管供电的他励直流电动机带测速发电机的单闭环无静差调速系统原理图。

§3—3　带电流正反馈的电压负反馈直流调速系统

一、填空题

1. 在系统精度要求不高的场合，可以省掉测速发电机，去检测__________，构成电压负反馈单闭环直流调速系统。

2. 在电压负反馈直流调速系统中，当给定电压 U_g减小时，直流电动机的转速________。

3. 在电压负反馈直流调速系统中，保持给定电压 U_g不变，当负载 T_L 增加时，直流电动机的转速__________。

4. 带电流正反馈的电压负反馈直流调速系统，引入电流正反馈的实质是____________________________________。

5. 根据电流反馈系数 β 的大小，可以决定补偿的强弱，分为____________、

________和________三种。系统设计时，常采用____________。

二、选择题

1. 电压负反馈主要补偿（　　）上电压的损耗。

A. 电枢回路电阻　　B. 电源内阻

C. 电枢电阻　　D. 电抗器电阻

2. 电压负反馈直流调速系统通过稳定直流电动机电枢电压来达到稳定转速的目的，其原理是电枢电压的变化与转速的变化（　　）。

A. 成正比　　B. 成反比

C. 的平方成正比　　D. 的平方成反比

3. 电流正反馈主要补偿（　　）上电压的损耗。

A. 电枢回路电阻　　B. 电源内阻

C. 电枢电阻　　D. 电抗器电阻

4. 电压负反馈自动调速系统的性能（　　）于转速负反馈自动调速系统。

A. 优　　B. 劣

C. 相同　　D. 不同

5. 在电压负反馈加电流正反馈的直流调速系统中，电压反馈检测元件电位器和电流反馈的取样电阻，在电路中的正确接法是（　　）。

A. 前者串联在电枢回路中，后者并联在电枢两端

B. 前者并联在电枢两端，后者串联在电枢回路中

C. 二者都并联在电枢两端

D. 二者都串联在电枢回路中

6. 电压负反馈加电流正反馈的直流调速系统中，电流正反馈环节（　　）补偿环节，（　　）反馈环节。

A. 是　也是　　B. 不是　而是

C. 是　而不是　　D. 不是　也不是

7. 一般情况下，电压负反馈直流调速系统的调速范围 D 应为（　　）。

A. $D<10$　　B. $D>10$

C. $10<D<20$　　D. $20<D<30$

8. 一般情况下，电压负反馈直流调速系统的静差率范围为（　　）。

A. $s<15\%$　　B. $10\%<s<15\%$

C. $s>15\%$　　D. $s<10\%$

9. 电压负反馈自动调速系统中，当负载增加时，电动机转速下降，从而引起电枢回路（　　）。

A. 端电压增加　　B. 端电压不变

C. 电流增加　　D. 电流减小

10. （　　）反馈直流调速系统可在一定程度上起到自动稳速的作用。

A. 电压负　　B. 电压正

C. 电流正　　D. 电流负

11. 为了进一步减少由于电枢压降造成的转速降落，在电压负反馈的基础上，增加了

(　　) 环节。

A. 电压正反馈　　B. 电流截止负反馈

C. 电流负反馈　　D. 电流正反馈

12. 在负载增加时，电流正反馈引起的转速补偿其实是转速上升，而非转速量应（　　）。

A. 上升　　B. 下降

C. 上升一段时间然后下降　　D. 下降一段时间然后上升

13. 关于电流正反馈在电压负反馈调速系统中的作用，下面叙述不正确的是（　　）。

A. 可以独立进行速度调节

B. 用以补偿电枢电阻上的电压降

C. 通过电流反馈信号调节电压来调节电动机转速

D. 它是调速系统中的补偿环节

14. 在电压负反馈直流调速系统中，电压负反馈将被反馈环包围的整流装置的内阻等引起的静态速降减小为原来的（　　）。

A. K　　B. $1/K$

C. $1/(1+K)$　　D. $1+K$

15.（　　）的作用是在闭环系统中把反馈信号与给定信号进行叠加，把叠加后的微小信号送到放大环节进行放大。

A. 比较环节　　B. 放大环节

C. 执行环节　　D. 反馈环节

16. 转速负反馈直流调速系统机械特性硬度与电压负反馈直流调速系统机械特性硬度相比（　　）。

A. 更硬　　B. 更软

C. 二者一样　　D. 保持不变

三、判断题

1. 电压负反馈调速系统在低速运行时容易发生停转现象，主要原因是电压负反馈太强。（　　）

2. 电流正反馈是一种对系统扰动量进行补偿控制的调节方法。（　　）

3. 电压负反馈调速系统结构比转速负反馈调速简单很多，性能也比后者优越。（　　）

4. 电压负反馈自动调速线路中的被调量是电枢电压。（　　）

5. 电压负反馈加电流正反馈自动调速系统是为了进一步增加静态速度，提高静特性硬度。（　　）

6. 为了使调速效果更好，减少静态速降，在电压负反馈调速系统中，电压反馈的两根引出线应尽量靠近电动机电枢两端。（　　）

7. 反馈控制只能尽量减小静差，补偿控制却能完全消除静差，所以补偿控制优于反馈控制。（　　）

8. 带电流正反馈的电压反馈调速系统中，电流正反馈对负载扰动和电压波动都能予以补偿。（　　）

9. 电压负反馈调速系统静特性优于同等放大倍数的转速负反馈调速系统。（　　）

10. 调速系统中的电流正反馈，实质上是一种负载转矩扰动前馈补偿校正，属于补偿控制，而不是反馈控制。 (　　)

11. 电压负反馈调速系统对直流电动机电枢电阻、励磁电流变化带来的转速变化无法进行调节。 (　　)

12. 电压负反馈调速系统的静态速降比转速负反馈系统调速系统要大一些，稳定性差一些。 (　　)

四、简答题

1. 试比较电压负反馈单闭环直流调速系统与转速负反馈单闭环直流调速系统的特点有何不同。

2. 电压负反馈可以实现自动调速，那单独用电流正反馈能否实现自动调速？

3. 比较分析电压负反馈在应用电流补偿前后对系统静态特性的影响，为什么在补偿以后系统的静态特性会变硬？当负载发生变化时，电流补偿能否起作用？

4. 在电压负反馈有静差调速系统中，当下列参数发生变化时，系统是否有调节作用？为什么？

（1）放大器的放大系数 K_p。

（2）供电电网电压。

（3）电枢电阻 R_a。

（4）电动机的励磁电流。

（5）电压反馈系数 γ。

5．现有一电压负反馈直流调速系统，接通电源后，稍加给定，转速便迅速上升为最高转速，试分析其故障原因。

6．在电压负反馈直流调速系统中，为什么要将主电路与控制电路进行隔离？常用的隔离方式有哪几种？

7．在单闭环直流调速系统中，直流电动机停车后，电动机仍时有振动，试分析产生此故障现象的原因。

五、绘图题

绘出由晶闸管供电的他励直流电动机带电流正反馈的电压负反馈直流调速系统原理图；并分析当负载转矩减小时，系统的自动调节过程。

六、综合分析题

如图 3—3 所示为 KCJ－1 型小功率直流调速系统线路图，试回答：

1．该系统有哪些反馈环节？分别由哪些元件构成？

2．电位器 RP1～RP6 各起什么作用？

3. 此系统对转速是有静差还是无静差系统?

4. 画出系统框图。

提示：图中 KC05 为锯齿波移相集成触发元件，其中 a、b 两端接同步电压，输入端 6 接触发控制电压，8 端接地，R8 和 C4 为外接微分电路，由它决定触发脉冲的宽度。图中，VD15 二极管在此处提供一个 0.5 V 左右的阀值电压，VD1、VD2 为运放器输入限幅，VS1 为运放器输出限幅。RP3 调节运放器零点（使之"零输入"时，"零输出"）。RP4 调节锯齿波斜率。

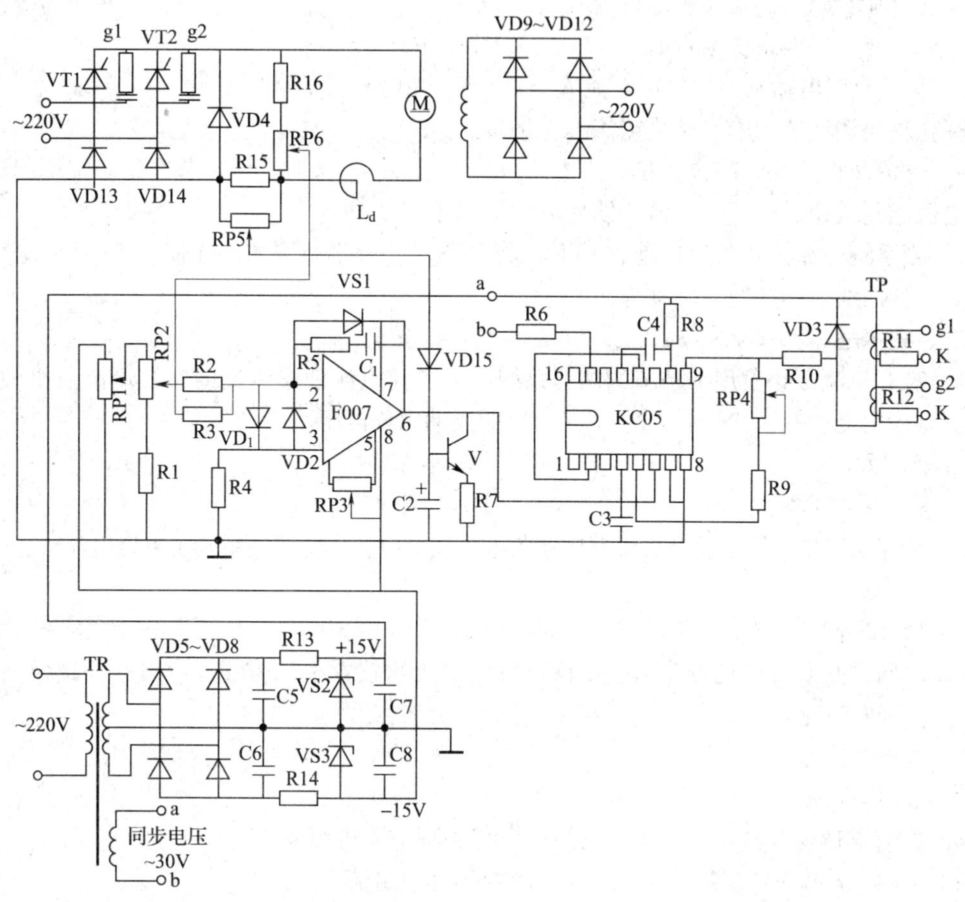

图 3—3

§3—4 带电流截止负反馈的单闭环直流调速系统

一、填空题

1. 直流电动机在________、________或__________时，会产生很大的电流，需要让电流截止负反馈起作用。

2. 在单闭环直流调速系统的基础上，增加__________保护环节，可使系统具有______功能，提高系统运行的可靠性，完善系统的功能。

3. 某一直流电动机，其额定电流 $I_N = 1.1$ A，则电动机的堵转电流 I_{dm} 一般取________，电流截止负反馈环节的临界截止电流 I_{jz} 一般取____________。

4. 电流截止负反馈的方法是：当电流未达到______值时，该环节在系统中不起作用，一旦电流达到或超过______值，该环节立刻起作用。

5. 当系统电流截止负反馈起作用时，将限制______的增加，并使________急剧下降，其特性曲线________，称为____________。

二、选择题

1. 带有电流截止负反馈环节的调速系统，为了使电流截止负反馈参与调节后机械特性曲线下垂段更陡一些，应选择阻值（　　）的反馈取样电阻。

A. 大一些　　B. 小一些

C. 接近无穷大　　D. 等于零

2. 调速系统中，当电流截止负反馈参与系统调节时，说明调速系统主电路电流（　　）。

A. 过大　　B. 过小

C. 正常　　D. 发生了变化

3. 电流截止负反馈的截止方法不仅可以用电压比较方法，而且也可以在反馈回路中串接（　　）来实现。

A. 单晶管　　B. 稳压管

C. 三极管　　D. 晶闸管

4. 在直流调速系统中，限制电流过大的保护环节，可以采用（　　）。

A. 电流截止负反馈　　B. 电流正反馈

C. 转速负反馈　　D. 电压负反馈

5. 启动电动机组后工作台高速冲出不受控，产生这种故障的原因是（　　）。

A. 电压负反馈接反了　　B. 电流负反馈接反了

C. 电流截止负反馈接反了　　D. 桥型稳定环节接反了

6. 在单闭环转速负反馈直流调速系统中，为了解决在“启动”和“堵转”时电流过大的问题，在系统中引入了（　　）。

A. 电压负反馈　　B. 电流正反馈

C. 电流补偿　　D. 电流截止负反馈

7. 为了保护小容量调速系统晶闸管不受冲击电流的损坏，在系统中应采用（　　）。

A. 电压反馈　　B. 电流正反馈

C. 转速负反馈　　　　　　　　　　D. 电流截止负反馈

8. 图3—4所示为利用独立直流电源作比较电压的电流截止负反馈电路，当电流负反馈起作用时，电路中取样电阻 R_c 上的电压 I_dR_c 与比较电压 U_{bf} 之间的关系，以及二者之间的二极管的状态，正确的情形是（　　）。

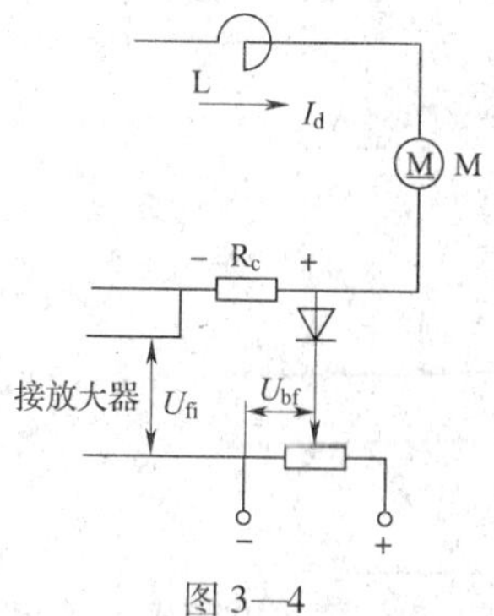

图3—4

A. $I_dR_c < U_{bf}$，二极管导通

B. $I_dR_c < U_{bf}$，二极管截止

C. $I_dR_c > U_{bf}$，二极管导通

D. $I_dR_c > U_{bf}$，二极管截止

三、判断题

1. 电流截止负反馈环节在电动机负载发生波动时起调节作用。（　　）

2. 引入电流截止负反馈环节后，在参数整定时，要求熔断器熔丝额定电流 > 过电流继电器动作电流 > 堵转电流。（　　）

3. 调速系统中，电流截止负反馈是一种只在调速系统主电路过电流情况下起负反馈调节作用的环节，用来限制主电路过电流，因此，它属于保护环节。（　　）

4. 电流截止负反馈起作用，限制电流的增加并使转速不变，从而使其特性曲线下垂成为很软的特性。（　　）

5. 电流截止负反馈信号一般取自并联在电动机电枢回路上的较大阻值的取样电阻。（　　）

6. 电流截止负反馈在系统中始终起调节电流的作用。（　　）

7. 开环系统可以由电流截止负反馈构成单闭环直流调速系统，从而提高转速的控制精度。（　　）

四、简答题

1. 什么是调速系统的“挖土机”特性？理想的“挖土机”特性是怎样的？采用什么环节可以实现较好的“挖土机”特性？

2．电流截止负反馈在单闭环负反馈调速系统中的作用是什么？它是怎样发挥作用的？

3．简述电流截止负反馈环节的调试步骤。

4．快速熔断器、过流保护电路和电流截止负反馈环节在作用上有什么异同？其过流值及截止电流值应如何整定？

5．开环直流调速系统或无电流截止负反馈的单闭环直流调速系统中，不得阶跃启动，只能缓慢改变给定电压和电动机的转速，这是为什么？

6. 在单闭环直流调速系统运行过程中，突然出现电动机转速波动现象，你知道产生此故障现象的原因吗？

五、绘图题

图3—5所示为带有电流截止负反馈的调速系统电路图，试按正确极性将反馈环节连入电路。

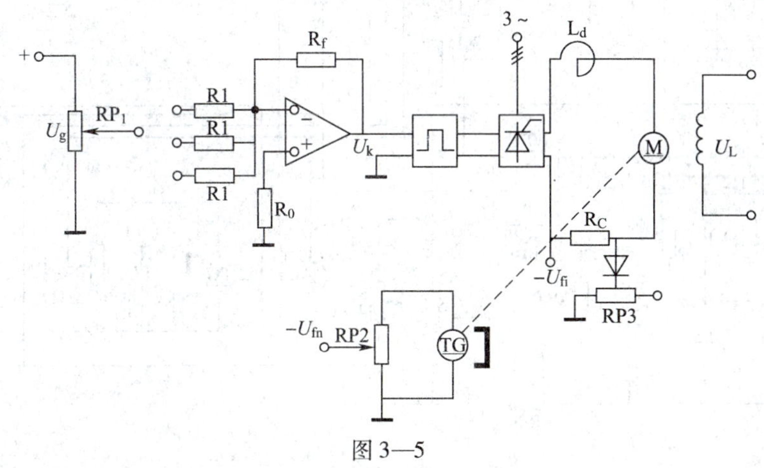

图3—5

六、综合分析题

如图3—6所示为注塑机直流调速系统线路图实例，仔细阅读线路图，并回答下列问题。

1. 系统中有____________、____________、____________反馈环节。

2. 系统中元件VD1起____________作用。

3. 系统中元件RS起____________作用。

4. 系统中电容C1起____________作用，电容C2起____________作用。

5. 系统中二极管VD2起____________作用，二极管VD3起____________作用，二极管VD5起____________作用。

6. 系统中，电位器RP4右移，则电动机转速将________。

提示：图中RP4（300 Ω）电位器是用来调节励磁电流，以进行调磁调速的。

当弱磁升速使转速超过额定转速时，测速反馈电压U_{fn}随之升高，它将使偏差电压ΔU =

U_s-U_{fn}降低，从而导致U_d的降低，影响转速n的上升。为了补偿这种消极影响，与RP4电位器同轴带动一个RP3电位器，它的作用是使给定电压U_s在U_{fn}升得过高时也作相应的增加。

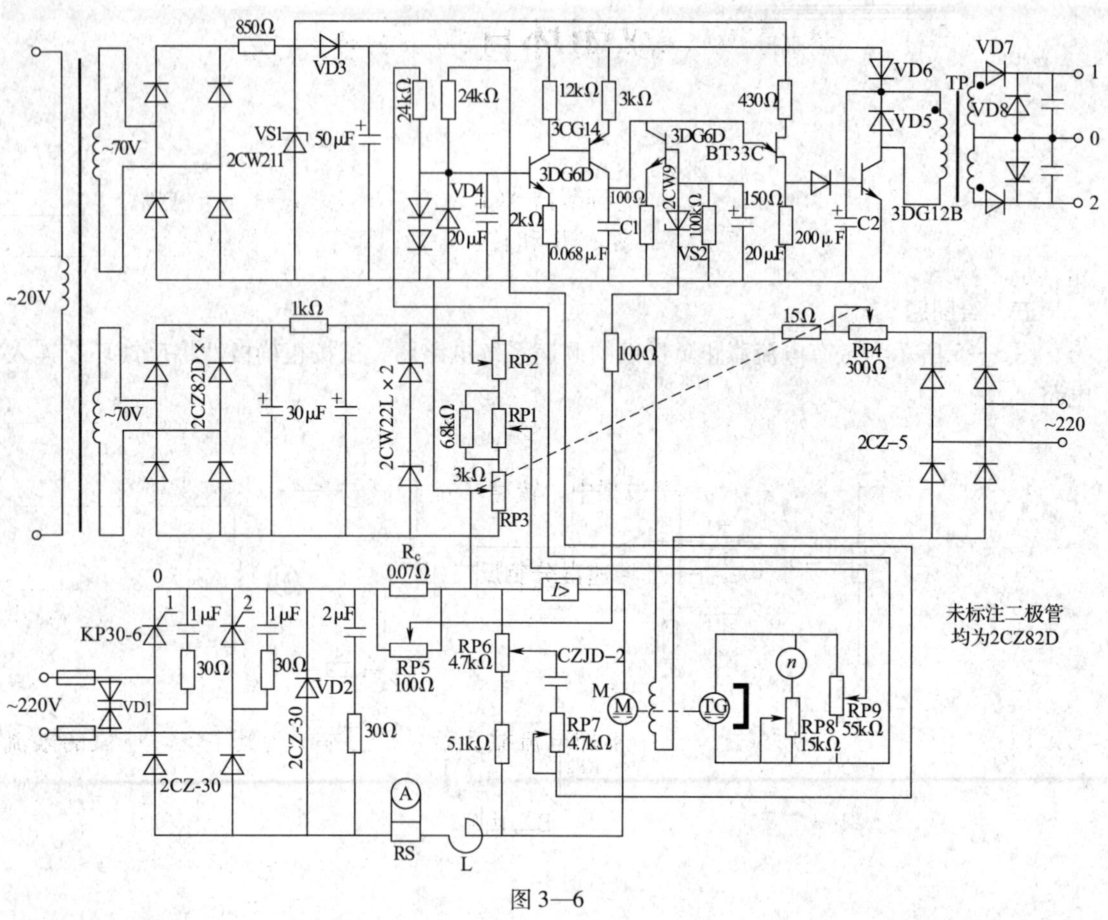

图3—6

第四章 双闭环直流调速系统

一、填空题

1. 在双闭环直流调速系统中，电流调节器 ACR 和电流—检测反馈环节构成________________，也称做________；速度调节器 ASR 和转速—检测反馈环节构成______________，也称做________。

2. 双闭环直流调速系统的启动过程分为______________、______________、________________三个阶段。

3. 对于调速系统，最重要的动态性能就是抗干扰性能，主要包括____________和____________性能。

4. 在负载变化时系统的自动调节过程中，转速环的主要作用是_____________________________；电流环的主要作用是______________________。

5. 在双闭环直流调速系统中增加转速微分负反馈的作用是________________________。

6. 双闭环调速系统中，转速调节器 ASR 的输出限幅电压决定了________________；电流调节器 ACR 的输出限幅电压限制了________________。

二、选择题

1. 转速—电流双闭环调速系统中不加电流截止负反馈，是因为其主电路电流的限流（　　）。

A. 由比例积分器保证　　B. 由转速环保证

C. 由电流环保证　　D. 由速度调节器的限幅保证

2. 带有速度—电流双闭环的调速系统，在启动、过载和堵转的条件下（　　）。

A. 速度调节器起主要作用　　B. 电流调节器起主要作用

C. 两个调节器都起作用　　D. 两个调节器都不起作用

3. 双闭环调速系统中电动机额定转速主要由（　　）设定。

A. 速度环输出限幅器　　B. 电流环输出限幅器

C. 测速发电机反馈系数　　D. 电流反馈系数

4. 双闭环调速系统的启动时间与单闭环调速系统的启动时间相比（　　）。

A. 更慢　　B. 更快

C. 不快也不慢　　D. 无法确定

5. 双闭环调速系统在启动过程中的调节作用主要靠（　　）的作用。

A. I 调节器　　B. P 调节器

C. 电流调节器　　D. 速度调节器

6. 双闭环调速系统不加电流截止负反馈是因为（　　）。

A. 由触发装置保证　　B. 由比例积分器保证

C. 由转速环保证　　D. 由电流环保证

7. 在速度—电流双闭环直流调速系统中，在负载变化时出现偏差，消除偏差主要靠（　　）。

A. 速度调节器　　B. 电流调节器

C. 电流、速度调节器　　D. 比例、积分调节器

8. 双闭环调速系统中，电流环的输入信号有两个，即（　　）信号和速度环的输出信号。

A. 主电路反馈的电流　　B. 主电路反馈的转速

C. 主电路反馈的积分电压　　D. 主电路反馈的微分电压

9. 在速度—电流双闭环直流调速系统中，电源电压波动造成的干扰，主要靠（　　）消除。

A. 速度调节器　　B. 电流调节器

C. 电流、速度调节器　　D. 比例、积分调节器

10. 转速—电流双闭环调速系统，在系统过载或堵转时，转速调节器处于（　　）。

A. 饱和状态　　B. 调节状态

C. 截止状态　　D. 线性状态

11. 在双闭环系统大信号作用下启动过程中的恒流升速阶段中，关于速度调节器 ASR 和电流调节器 ACR 的情形，描述错误的是（　　）。

A. ASR 饱和，ACR 不饱和

B. ASR 饱和，ACR 工作在线性状态

C. ASR 工作在线性状态，ACR 工作在非线性状态

D. ASR 不起调节作用，ACR 起调节作用

12. 如果要改变双闭环调速系统的速度，应该改变（　　）参数。

A. 给定电压　　B. 测速反馈电压

C. 速度调节器输出电压　　D. 速度调节器输出限幅电压

13. 在系统中加入了（　　）环节以后，不仅能使系统得到下垂的机械特性，而且也能加快过渡过程，改善系统的动态特性。

A. 电压负反馈　　B. 电流负反馈

C. 电压截止负反馈　　D. 电流截止负反馈

三、判断题

1. 在带有 PI 调节器的双闭环调速系统的启动过程中，转速一定有超调。（　　）

2. 由于双闭环调速系统的堵转电流与转折电流相差很小，因此，系统具有比较理想的“挖土机”特性。（　　）

3. 双闭环调速系统的电流调节器在启动过程的初、后期，处于调节状态，中期处于饱和状态，而速度调节器始终处于调节状态。（　　）

4. 对于要求启动平稳、启动加速度有限制性要求的生产机械，需采用给定积分器。（　　）

5. 当电动机发生严重过载或机械部件被卡住时，电流负反馈起主要调节作用，实现过电流保护。（　　）

6. 通过转速调节器的调节，能有效抑制电网电压波动的影响。（　　）

7．双闭环调速系统是由转速负反馈来实现“挖土机”特性的。（　）

8．为了实现直流电动机在允许条件下的最快启动，获得电流为最大值的恒流过程，系统在单闭环的基础上增加了电流调节器。（　）

9．直流调速柜的双闭环直流调速系统可以不安装隔离板 YGD。（　）

四、简答题

1．在双闭环直流调速系统中，若电流反馈极性接反了会产生怎样的后果？

2．简要说明速度—电流双闭环调速系统的启动过程。

3．双闭环调速系统中两个调节器的输出限幅值应如何整定？其大小对直流电动机的转速有影响吗？

4．电流负反馈和电流截止负反馈这两种反馈环节各起什么作用？它们之间的主要区别在哪里？它们能否同时在同一个控制系统中应用？

5．如何测定电流负反馈的极性？

6．简述双闭环直流调速系统中转速调节器和电流调节器的作用。

7．试简述单闭环直流调速系统与双闭环直流调速系统的区别，并比较二者的优缺点。

8．在转速—电流双闭环直流调速系统中，若将电流调节器由比例积分调节器改为比例调节器，分析此时系统是否仍是无静差系统。

9. 简述双闭环直流调速系统的调试原则。

10. 在双闭环直流调速系统通电后，转速不能达到额定转速，试分析产生此故障现象的故障原因。

五、绘图题

1. 绘出晶闸管供电的他励直流电动机转速—电流双闭环调速系统原理图。

2. 速度—电流双闭环调速系统中，当负载突然加大时，画出电动机转速的变化曲线，并简要说明突加负载的抗扰过程。